BEI GRIN MACHT SICH IHR WISSEN BEZAHLT

- Wir veröffentlichen Ihre Hausarbeit,
  Bachelor- und Masterarbeit

- Ihr eigenes eBook und Buch -
  weltweit in allen wichtigen Shops

- Verdienen Sie an jedem Verkauf

Jetzt bei www.GRIN.com hochladen
und kostenlos publizieren

Carlos Schweizer, Kevin Zimmerli

Identifizierung unbekannter Salze mit Ionenanalyse

GRIN Verlag

Bibliografische Information der Deutschen Nationalbibliothek:

Die Deutsche Bibliothek verzeichnet diese Publikation in der Deutschen National-
bibliografie; detaillierte bibliografische Daten sind im Internet über http://dnb.d-
nb.de/ abrufbar.

Impressum:

Copyright © 2012 GRIN Verlag GmbH
Druck und Bindung: Books on Demand GmbH, Norderstedt Germany
ISBN: 978-3-656-45894-4

Identifizierung unbekannter Salze mit Ionenanalyse

Chemie-Praktikum

12/4/2012
Kantonsschule Zürcher Unterland
Carlos Schweizer, Kevin Zimmerli

2 Inhaltsverzeichnis

3.1 Problemstellung

Salze bestehen aus einem Ionen-Gitter. Dieses ist aufgebaut aus positiv geladenen Kationen sowie negativ geladenen Anionen, welche Coloumb-Anziehungskräfte untereinander ausbilden. Es gibt verschiedene Methoden deren Bestimmung. Eine davon ist, mittels Flammenanalyse eines Salzes, dessen Kation zu identifizieren. Die beiden anderen sind dazu da, durch Zugabe eines Nachweisreagenzes, das Kation, sowie auch das Anion zu bestimmen. Die Aufgabe dazu war, ein unbekanntes Salz, anhand dessen Kationen und Anionen mit diesen Methoden zu identifizieren.

3.2 Vorgang zur Problemlösung

Um Referenzdaten zu sammeln, wurden als erstes die Flammenfarben verschiedener Metall-Kationen bestimmt. Dies konnte mittels Hineinhalten eines, mit unterschiedlichen Salzen beladenen Magnesiastäbchens, bewerkstelligt werden. Zusätzlich wurde zur Überprüfung und Sicherstellung der Ergebnisse des ersten Experimentes, ein zweites zur Identifizierung der Kationen durchgeführt. Dabei wurden Salzlösungen, welche diese Kationen enthielten, in Reagenzgläser gefüllt. Zu diesen wurde jeweils das entsprechende Nachweisreagenz hinzugegeben und die Beobachtungen notiert. Dieselbe Methode wurde auch bei den Anionen angewendet.

Zum Schluss wurden die Experimente mit dem unbekannten Salz wiederholt, um so durch den Vergleich mit den Beobachtungen bei den Referenzdaten das Salz zu identifizieren.

3.3 Hauptresultate

Da das zu untersuchende Salz(Nummer 8) einerseits bei der Verbrennung die gleiche Farbe aufwies und andererseits beim Nachweis durch das Hinzugeben des Nachweisreagenzes ähnliche Eigenschaften aufwies wie Kupfer(II)sulfat($CuSO_4$), musste das Kation Kupfer sein.

Bei der Bestimmung des Kations war mehr Beobachtungstalent gefordert, da es nur kleine Unterschiede zwischen den verschiedenen Reaktionen mit den Nachweisreagenzien gab. Da das unbekannte Salz jedoch die gleichen Eigenschaften bei der Reaktion mit Salzsäure aufwies, wie Natriumacetat mit selbiger, musste das Kation Acetat sein.

Das unbekannte Salz war also Kupfer(II)acetat ($Cu(CH_3COO)_2 * H_2O$).

4.1 Definition des Untersuchungsgegenstandes

Jeder 2-er Gruppe wurde ein unbekanntes Salz zugewiesen. Die Aufgabe dazu war, dieses durch verschiedene Experimente zu untersuchen und zu identifizieren.

Das unbekannte Salz hatte viele verschiedene Erkennungsmerkmale. Es fiel einerseits durch die leuchtend dunkelblaue Farbe, sowie durch die glitzernden Kristalle auf. Einen Geruch konnte man nicht identifizieren, dafür wurde beim Aquatisieren des Salzes eine schwere Löslichkeit bemerkt.

4.2. Hypothesen

Da das zu identifizierende Salz eine ähnliche Farbe hatte wie Kupfer(II)Sulfat, lag es nahe zu denken, dass es wohl das gleiche Kation besitzt.

Da die blaue Farbe eines Salzes ein Indiz für eingeschlossene Wassermoleküle im Salz war, schien es möglich zu sein, dass das Salz Wassermoleküle enthielt.

4.3 Theoretische Grundlagen

Salze sind aus Ionen-Gittern aufgebaut. Diese wiederum bestehen aus positiv geladenen Metall-Kationen und negativ geladenen Nichtmetall-Anionen, welche durch Coulomb-Anziehungskräfte ein Gitter ausbilden. Je nach Kombination von Kation und Anion, können verschiedenste Salze ausgebildet werden. Aus diesem Grund können sie, unabhängig voneinander, mit spezifischen Methoden nachgewiesen werden.

4.3.1 Theorie zu den Experimenten

Um mit der Identifizierung des Salzes, mithilfe des Kation- wie auch Anion-Nachweises starten zu können, mussten zuerst einige Referenzdaten gesammelt werden.

Zum Nachweis des Kations, wurden zwei Experimente durchgeführt.

Einerseits wurden die Flammenfarben der Salze Lithiumchlorid, Calcium(II)Nitrat, Kaliumchlorid, Eisen(III)Nitrat, Kupfer(II)Sulfat, Natriumchlorid und Hydroniumnitrat analysiert.

Information: Bei gewissen Salzen verfärbt sich die Flamme, wenn es in die Flamme gehalten wird. Da dabei nur die Metall-Kationen eine Rolle spielen, genau genommen nur die Metalle und nicht das Kation selber, indem sich beim Erhitzen einige Metall-Kationen samt Valenzelektronen vom Ionenverband lösen, wird die Flammenfarbe zum Nachweis von Metall-Kationen genutzt.

Andererseits wurden bestimmte Reagenzien zu den Salzlösungen von Ammoniumchlorid, Kupfersulfat, Calciumnitrat und Ammoniumeisen(III)-sulfat gegeben.

Information: Viele Kationen zeigen mit entsprechenden Reagenzien eine auffällige Reaktion wie Farbänderung, Bildung eines Niederschlags, Entwicklung eines Gases, das Auftreten eines typischen Geruchs oder eine bestimmte Säurebeständigkeit.

Zum Nachweis des Anions wurden, ähnlich wie beim Kation, verschiedene Reagenzien zu den Salzlösungen von Natriumcarbonat, Natriumsulfat, Natriumchlorid und Natriumacetat gegeben.

Bei diesem Versuch können, wie beim Kation, auffällige Reaktionen beobachtet werden.

5 Material und Methoden

5.1 Material

5.1.1 Flammenfarben als Nachweis von *Metall*-Kationen

- Magnesia-Stäbchen in 50-mL-Erlenmeyer
- Bunsenbrenner
- Streichhölzer
- Entmineralisiertes Wasser
- 8 50-mL-Bechergläser (beschriftet mit Li^+, Na^+, Ca^{2+}, Cu^{2+}, K^+, Fe^{3+}, Na^+, NH_4^+, H_2O)
- Zu untersuchende Salze (LiCl, $Ca(NO_3)_2$, $CuSO_4$(weiss!), KCl, $Fe(NO_3)_3 \cdot 9\ H_2O$, NaCl, NH_4NO_3)

5.1.2 Spezifische chemische Nachweisreaktion für Kationen

- Reagenzgläser
- Reagenzglasgestell
- Salzlösungen (in Tropffläschchen oder mit Pasteur-Pipette und kl. Erlenmeyer)

Salzlösungen (0.1 mol/L)	Salzlösungen (verschiedene Konzentrationen)
$CuSO_4$-Lsg.	Konz. NH_4Cl-Lsg.
$Ca(NO_3)_2$-Lsg.	2 x NaOH-Lsg. (2 mol/L)
$NH_4Fe(SO_4)_2$-Lsg.	Ammoniak-Lsg. (25%)
	Na_2CO_3-Lsg. (1 mol/L)
	$K_4[Fe(CN)_6]$-Lsg. (0.01 mol/L)

5.1.3 Spezifische chemische Nachweisreaktionen für Anionen

- pH-Papier
- 2 Glasstäbe

- Kleine Reagenzgläser
- Reagenzglasgestell
- Salzlösungen (in Tropffläschchen oder mit Pasteur-Pipette und kl. Erlenmeyer)

Salzlösungen (0.1 mol/L)	Salzlösungen (verschiedene Konzentrationen)
Na_2SO_4-Lsg.	Na_2CO_3-Lsg. (1 mol/L)
NaCl-Lsg.	2 x HCl-Lsg. (2 mol/L)
$NaCH_3COO$-Lsg.	
2 x $AgNO_3$-Lsg.	

5.1.4 Identifizierung eines unbekannten Salzes

- 50-mL-Becherglas mit mL-Skalierung
- Reagenzgläser
- Reagenzglasgestell
- Polylöffel
- Glasstäbe
- Entmineralisiertes Wasser
- Unbekanntes Salz in nummeriertem Schnappdeckelglas

5.2 Methoden

5.2.1 Flammenfarben als Nachweis von *Metall*-Kationen

Die Spitze eines Magnesia-Stäbchens wurde zuerst in der Bunsenbrenner-Flamme ausgeglüht, bis die Bunsenbrenner-Flamme keine spezielle Verfärbung mehr zeigte. Das ausgeglühte Magnesia-Stäbchen wurde danach kurz in das Becherglas mit entmineralisiertem Wasser getaucht und anschliessend in das zu untersuchende Salz, sodass ein paar Salzkörner daran haften blieben. Das „salzbeladene" Magnesia-Stäbchen wurde nun an den Rand der Brennerflamme gehalten und die beobachtete

Abbildung 1: Magnesia-Stäbchen

Flammenfarbe und andere Auffälligkeiten wurden notiert. Bevor das nächste Salz getestet werden konnte, musste das Magnesia-Stäbchen mit entmineralisiertem Wasser gespült und wieder ausgeglüht werden. Dieser Vorgang wurde für alle zu untersuchenden Salze wiederholt.

5.2.2 Spezifische chemische Nachweisreaktion für Kationen

In ein Reagenzglas wurde ca. 1 cm hoch von der Salzlösung mit dem nachzuweisenden Kation eingefüllt. Das entsprechende Nachweis-Reagenz wurde dazu getropft, bis eine Veränderung wahrgenommen wurde. Alle Veränderungen wurden notiert, auch Details, wie Farbveränderungen oder Gerüche.

5.2.3 Spezifische chemische Nachweisreaktionen für Anionen

Um die Anionen eines Salzes zu bestimmen, wurde ein Reagenzglas etwa 1 cm hoch mit der Salzlösung gefüllt, welches das zu bestimmende Anion enthielt. Bei den mit einem * markierten Salzlösungen wurde vor der HCl-Nachweis-Reagenz-Zugabe der pH-Wert gemessen.

5.2.4 Identifizierung eines unbekannten Salzes

Zur Untersuchung des unbekannten Salzes wurde zuerst die Flammenfarbe bestimmt und alle möglichen Kationen notiert.

In einem sauberen 50-mL-Becherglas wurde ein halber Polylöffel des zu untersuchenden Salzes gegeben und in etwa 30 mL entmineralisiertem Wasser so gut wie möglich gelöst. Mit dieser konzentrierten Salzlösung wurden 7 Reagenzgläser bis ca. 1 cm hoch gefüllt.

Zu diesen Proben wurde anschliessend eines der 7 Nachweis-Reagenzien hinzugegeben. Jeweils 4 davon waren die Nachweis-Reagenzien für Kationen und 3 davon die Nachweis-Reagenzien für Anionen. Alle Beobachtungen wurden notiert.

Zum Schluss wurden alle Beobachtungen mit den Beobachtungen der vorgehenden Tests verglichen und ein Kation und ein Anion bestimmt.

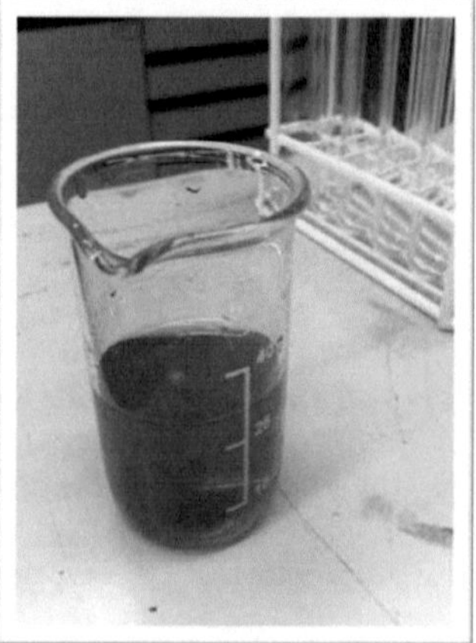

Abbildung 2: Lösung des unbekannten Salzes

6 Resultate

6.1 Nachweismethoden

6.1.1 Kationen

6.1.1.1 Flammenfarben als Nachweis von Metall-Kationen

Nachzuweisendes Kation	Flammenfarbe(und andere Beobachtungen)
Li^+ in LiCl	Rot, Weinrot

Ca^{2} in $Ca(NO_3)_2$	Orangerot; Knistern
K^+ in KCl	Orange; Knistern
Fe^{3+} in $Fe(NO_3)_3$	Stark Orange; schmilzt; Rückstände
Cu^{2+} in $CuSO_4$	Grüne Farbe; schnelle Verbrennung; Rückstände
Na^+ in $NaCl$	Leuchtend orange; starkes Knistern, brennt lange
NH_4^+ in NH_4NO_3	Orange; schmilzt; Rauchfäden

6.1.1.2 Spezifische chemische Nachweisreaktionen für Kationen

Nachzuweisendes Kation in Salz-Lsg.	Nachweis-Reagenz	Beobachtungen (Farbe, Niederschlag, Gas, Geruch, etc.?)
NH_4^+ in NH_4Cl- Lsg.	**NaOH**-Lsg. (Natronlauge)	- Die Lösung änderte die Farbe nicht - Der Geruch wurde reizend - Die Lösung blieb klar
Cu^{2+} in $Ca(NO_3)_2$-Lsg.	**NH$_3$**-Lsg. (Ammoniak-Lsg.)	- Lösung wurde dunkelblau - Der Geruch wurde reizend - Lösung blieb klar
	NaOH-Lsg. (Natronlauge)	- Die Lösung wurde hellblau - Es gab sowohl eine Trübung wie auch einen Niederschlag - Es gab eine leichte Flockenbildung - Der Geruch blieb gleich
Ca^{2+} in $Ca(NO_3)_2$-Lsg.	**Na$_2$CO$_3$**-Lsg.	- Die Lösung wurde weiss - Die Lösung wurde milchig-trüb - Der Geruch blieb gleich
Fe^{3+} in $NH_4Fe(SO_4)_2$-Lsg.	**K$_4$(Fe(CN)$_6$)**-Lsg.	- Die Lösung wurde dunkelblau - Die Lösung wurde trüb, tintenähnlich - Der Geruch blieb gleich

Nachzuweisendes Anion in Salz-Lsg.	Nachweis-Reagenz	Beobachtungen (Farbe, Niederschlag, Gas, Geruch, pH-Veränderung)
CO_3^{2-} in Na_2CO_3	HCl-Lsg. (=Salzsäure) (5 Tropfen)	pH vor HCl-Zugabe: 12 pH danach: 9 anderes: -Bläschenbildung
	AgNO$_3$-Lsg. (1 Tropfen)	-Es bildeten sich weisse Flocken
	BaCl$_2$-Lsg. (1 Tropfen)	-Es bildeten sich grosse, weisse Flocken
SO_4^{2-} in Na_2SO_4-Lsg.	BaCl$_2$-Lsg. (1 tropfen)	-Es entstand eine Trübung
Cl^- in NaCl-Lsg.	AgNO$_3$-Lsg. (1 Tropfen)	- Es entstand eine weisse Trübung, sowie eine Schleimbildung
CH_3COO^- in NaCH$_3$COO-Lsg.	HCl-Lsg. (=Salzsäure) (5 Tropfen)	pH vor HCl-Zugabe: 8 pH danach: 4 anderes: - Die Lösung blieb klar

6.2 Identifizierung eines unbekannten Salzes

Nebeninfos:

- Das zu identifizierende Salz wies eine blaue Farbe auf

- Das Salz glitzerte

- Das Salz war geruchsarm

- Das Salz löste sich nur schwer in Wasser

6.2.1 Experiment 1: Flammenfarben für *Metall*-Kationen

Flammenfarbe: Grüne Farbe; knisterte gelblich

 **Mögliches Kation: Cu^{2+}**

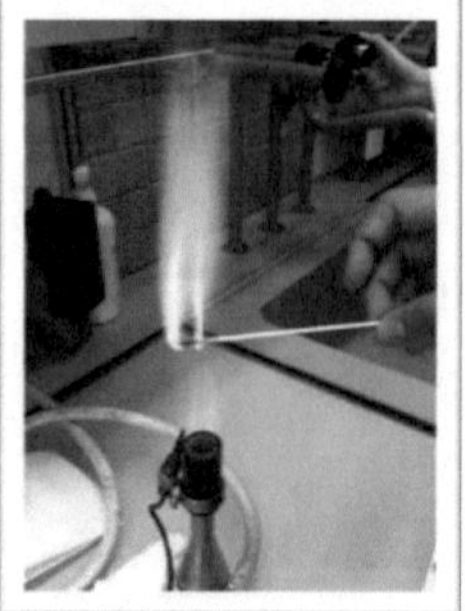

Abbildung 3: Grüne Flammen-färbung des Salzes

6.2.2 Experiment 2: Nachweis-Reaktionen für Kationen

+ NaOH-Lsg.   -> Beobachtung: hellblaue Farbe, viskoser, trüb

+ NH_3-Lsg.   -> Beobachtung: dunkelblaue Farbe, klar, Geruch sehr stark

+ Na_2CO_3 -> Beobachtung: Milchig-blaue Farbe, Geruch stärker geworden

+ $K_4(Fe(CN)_6)$-Lsg. -> Beobachtung: schwarzbraune Farbe, Partikel am Rand

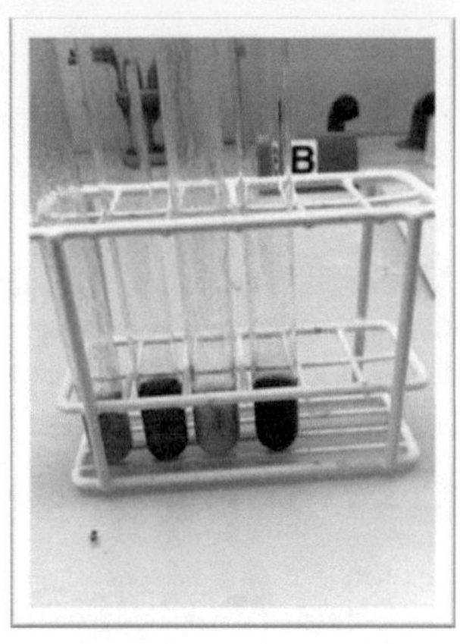

Abbildung 4: Salzlösung nach Zugabe der Nachweis-Reagenzien v.l.n.r.: NaOH, NH_3, Na_2CO_3, $K_4[Fe(CN)_6]$

Mögliches Kation: Cu^{2+}

6.2.3 Experiment 3: Nachweis-Reaktionen für Anionen

+ HCl-Lsg.   -> Beobachtung: pH vor: 6   pH nach: 2

        anderes: Die Lösung wurde klarer

+ $AgNO_3$-Lsg.   -> Beobachtung: Die Lösung wurde ein wenig trüb

+ $BaCl_2$-Lsg.   -> Beobachtung: Die Lösung blieb klar

Abbildung 5: Salzlösung nach Zugabe der Nachweis-Reagenzien v.l.n.r.: HCl, $AgNO_3$, $BaCl_2$

Mögliches Anion: CH_3COO^-

Kation	Anion	Verhältnisformel	Salzname
Cu^{2+}	CH_3COO^-	$Cu(CH_3COO)_2$	Kupfer(II)acetat

7 Diskussion der Resultate und Methodenkritik

7.1 Experiment 1: Flammenfärbung für *Metall*-Kationen

Bei diesem Experiment war aufgrund der Grünfärbung der Flamme klar auf ein Kupfer-Kation zu schliessen, da es als einziges diese Flammenfarbe aufwies. Jedoch muss man sagen, dass durch die etwas hohe Dosierung des Salzes auf dem Magnesia-Stäbchen noch Nebeneffekte wie Knistern und Rauchfäden entstanden.

7.2 Experiment 2: Nachweis-Reagenz für Kationen

Hier war genaue Beobachtung gefordert. Es musste genau zwischen verschiedenen Trübungen und Blautönen unterschieden werden. Durch das Ausschlussverfahren konnte auf das gleiche Kation geschlossen werden. Da jedoch die Beschreibungen der Referenzdaten einen gewissen Spielraum liessen, war diese Methode nur bedingt genau.

Die erste Hypothese wurde somit verifiziert.

7.3 Experiment 3: Nachweis-Reagenz für Anionen

Bei der Anionbestimmung gab es mehr Probleme, da es schwer war, zwischen dem Chlorid-Ion und dem Acetat-Ion zu unterscheiden. Bei der Zugabe von $AgNO_3$ und HCl wurden die gleichen Beobachtungen gemacht wie bei den Referenzdaten. Aus diesem Grund mussten noch Nachforschungen betrieben werden, um das Anion genau bestimmen zu können. Bei Betrachtung der beiden Salze mit eingelagerten H_2O-Molekülen war ein klarer Unterschied der Farbe deutlich. Auch die Schmelzpunkte sprachen für das Acetat-Anion. Kupferacetat schmilzt schon bei 110°C, was auch die geschmolzenen Rückstände erklärt. Der Schmelzpunkt von Kupferchlorid liegt um einiges höher. Bei der Zugabe von dem Salz ins Wasser war die schwere Löslichkeit auffällig, was wiederum ein Indiz für Kupferacetat war.

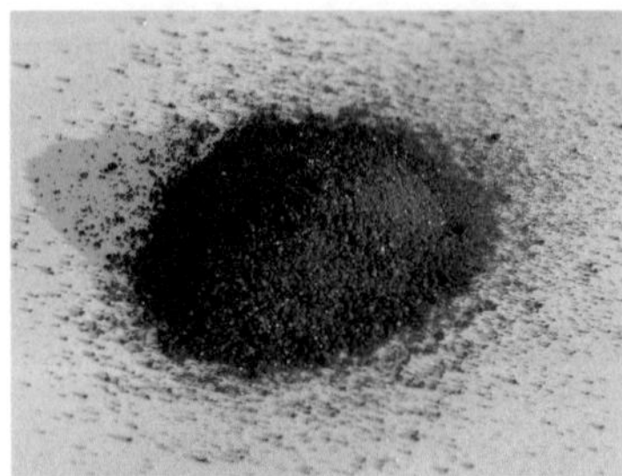

Abbildung 5: $Cu(CH_3COO)_2 . H_2O$
(Kupferacetat)

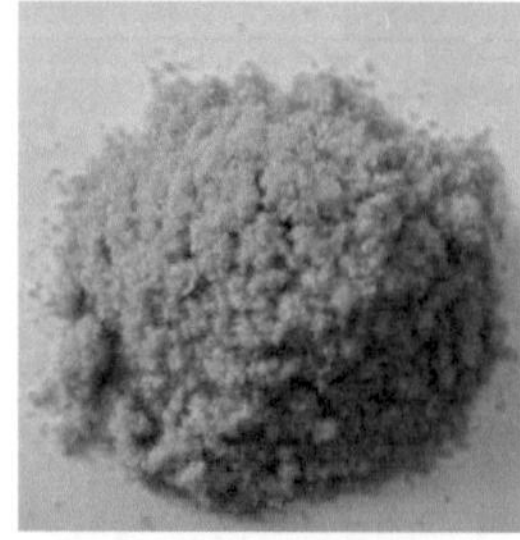

Abbildung 6: $CuCl_2 . 2 H_2O$
(Kupferchlorid)

Somit wurde auch die zweite Hypothese verifiziert.

8 Literaturverzeichnis

Abbildung 1: http://www.mbm-lehrmittel.de/shopware.php/Basisprodukte/Magnesiastaebchen-und-Rinnen/Magnesia-Staebchen-Laenge-140-mm-Packung-50-Stueck 04.12.2012

Abbildung 2,3,4: Apple Iphone 4 Kamera 27.11.2012

Abbildung 6: http://www.chemical-engineering.co/2011/08/01/copper-acetate/ 06.12.2012

Abbildung 7: http://www.guidechem.com/product/list_keys-CuCl2?2(H2O)-p1.html 06.12.2012

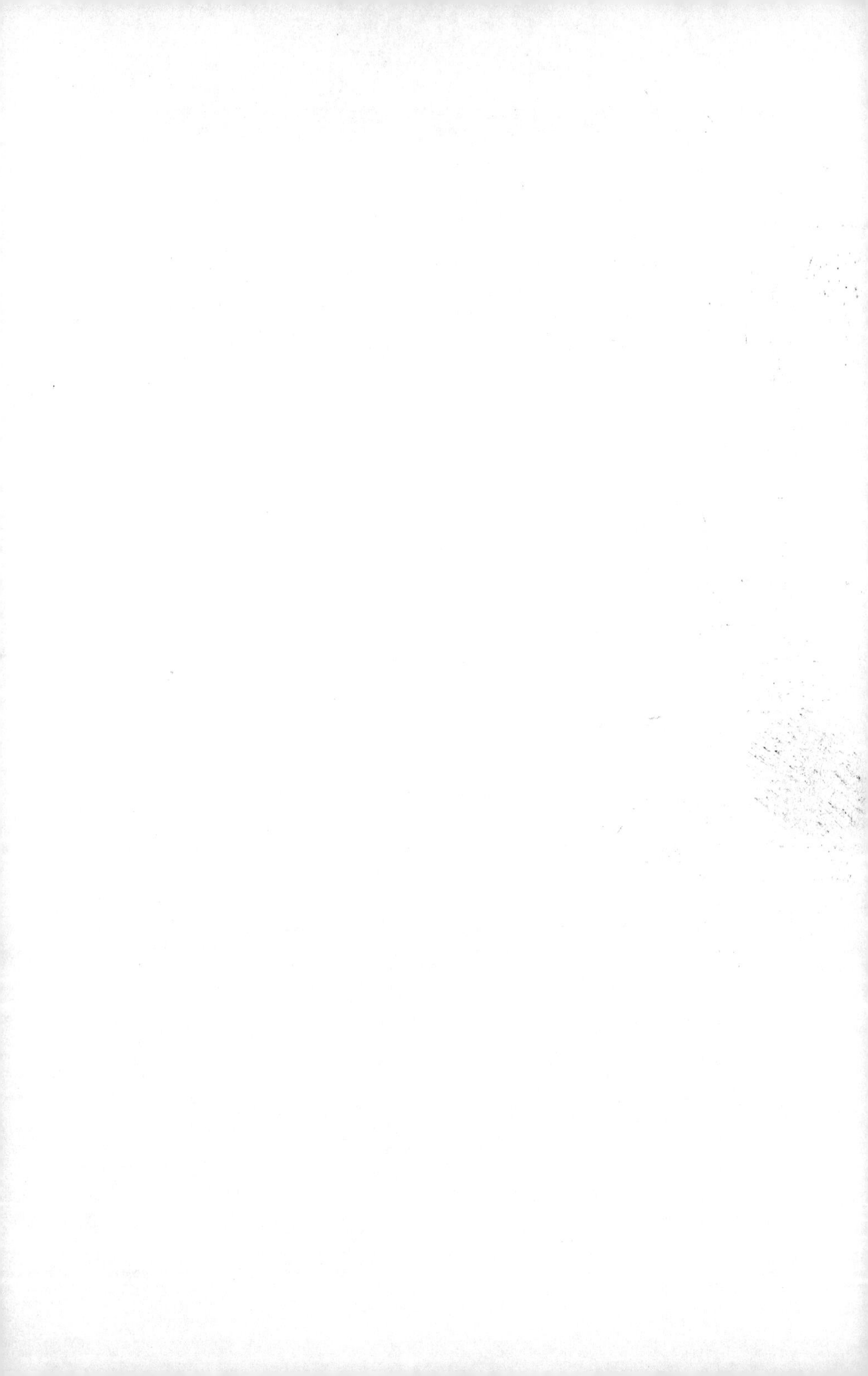